我的人生本可以

一张逆转人生的魔力支票

杨洋 著

在寻常琐碎中发现妙趣，于世间万象中感悟人生
享受人生而不沉湎，看透人生而不消极

人 民 邮 电 出 版 社
北 京

图书在版编目（CIP）数据

我的人生本可以 ：一张逆转人生的魔力支票 / 杨洋著. -- 北京 ：人民邮电出版社，2018.4
ISBN 978-7-115-47932-7

Ⅰ. ①我… Ⅱ. ①杨… Ⅲ. ①成功心理—通俗读物 Ⅳ. ①B848.4-49

中国版本图书馆CIP数据核字(2018)第029106号

内 容 摘 要

本书引导读者认识到自我内心力量的重要意义和强大潜力，帮助读者学习如何积极表达自我、树立自信、正视自我、提升自我、挑战自我、选择自我和付出自我。在了解上述知识并完成相应训练之后，读者将会逐步建立真正强大的内心，获得独立、积极坚定的人格，以及更加美好的生活视角和践行轨迹。本书属于大众类心理读物，适合不同年龄段、不同社会角色的读者阅读。

◆ 著　　　　杨　洋
责任编辑　冯　欣
责任印制　彭志环

◆ 人民邮电出版社出版发行　　北京市丰台区成寿寺路 11 号
邮编　100164　　电子邮件　315@ptpress.com.cn
网址　http://www.ptpress.com.cn
大厂聚鑫印刷有限责任公司印刷

◆ 开本：880×1230　1/32
印张：7.25　　　　2018 年 4 月第 1 版
字数：165 千字　　　　2018 年 4 月河北第 1 次印刷

定价：42.00 元

读者服务热线：(010)81055488　印装质量热线：(010)81055316
反盗版热线：(010)81055315
广告经营许可证：京东工商广登字 20170147 号

推荐序

我供职于青岛市艺术研究院，与剧院、剧团里的众多人接触过，给我留下深刻印象的是杨洋。她亭亭玉立，眉清目秀，一笑如芙蓉绽放，声音似银铃过耳，恬静到令人心颤的地步。

杨洋不卑不亢、平平静静地面对喧嚣的社会、大起大落的娱乐市场，读自己想读的书，思考自己关心的话题，与自认为在一个层次的人交往。在一次青岛书城的签售会上，她结识了我这位70多岁的退了休的编剧。

我们认可杨洋，是对一种美好的承认，是对一种能力的认可，是遵从了“长江后浪推前浪”的社会发展规律。我们知道，即便名声大振，粉丝如潮，杨洋也不会忘乎所以。

杨洋很漂亮，也很纯粹，这不仅指形象，她的所作所为，也无不如此。豁达、大度的杨洋，柔软的身躯里有着博大的襟怀，令人刮目相看。我把她的点点滴滴记录于心。我预感到这些材料将来会用到写作上。没想到，这次真用上了，这是多么真实、贴切、感人的细节。

到了该谈谈杨洋作品的时候了。其实，她写过很多散文、小说、杂记等，还加入了青岛作家协会（作协）。青岛作协的加入标准很高，杨洋能加入作协，作品是硬件。她的作品有大电影剧本《幸福的距离》、儿童品格剧《动物的名义》、微小说《女性成长录》、第一部长篇小说《燕妮传奇》、百集爱情短剧《爱不设防》等。如今她的第一本纸质书问世了，真心为她感到高兴。看到她发给我的目录，了解了本书的详情后，我不得不为杨洋叹服，赞赏她的文笔流畅。

在这本书中，杨洋完成了一个重大的命题：逆袭人生。读完此书，任何人都有可能实现人生的逆袭。这是文本带来的冲击和影响，这是不可忽视的一次精神异化，这是作品大于作者的真切说明。要把枯躁转为生动，没有点儿化腐朽为神奇的文学功底，是不可能实现的。这本书凝聚了杨洋的心血和汗水，也反映出杨洋的刻苦和努力。

当我捧着厚厚的书稿时，我被杨洋那颗滚烫滚烫的心灼热了。于是，我为她写出以上的字。是为推荐序。

国家一级编剧、著名话剧导演

钱涂

自序

“我的人生本可以”，这是书名，也是我想给自己说的一句励志的话。“本”这个字，可以组成的词语有根本、本身、本来、本事、本领等。仔细体会，你会发现“本”有很美好的情节，因为有根本的“本”在，所以一切自然而然。这本书在此时出现在读者的面前，不迟也不晚。我选择以励志为主线写了人生的第一本纸质书，是为了纪念我个人改变了原本的既定人生路线。我经过 30 多年对自己的了解和对社会的观察，重新为自己定位，借此鼓励自己也想鼓励通过此书结缘的各位读者。

我之前因“自己到底要什么”而困惑了很多年，也时时因学生时代选错了专业而悔恨。如果我在高中时代听进班主任的话，选择文科，或许我就会参加新概念作文，或许我会考法律专业或者电视编导专业，而那时我偏偏选择了理科，选择了计算机专业。我为了追求别人的认可，证明自己的智商，走歪了命运路线。

当我慢慢发觉自己活得不够淋漓尽致时，我终于鼓起勇气，走上了文学创作之路。从2011年开始，我每天坚持写作，从每天写500字，到一小时写2000字，再到一天写10000字，就这样，我发现我这个理科生搞点文学创作也是可以的。

在大学里学过西方经济学的人都知道一个术语——机会成本（Opportunity Cost）。机会成本是指在面临多方案择一时，被舍弃的选项中的最高价值。机会成本又称为择一成本、替代性成本。例如，被舍弃的选项的喜爱程度或价值发生改变时，得到的价值是不会令机会成本改变的。而如果在选择时放弃选择最高价值的选项（首选），那么其机会成本将会是首选。我们做出选择时，应该选择最高价值的选项（机会成本最低的选项），放弃选择机会成本最高的选项，即失去越少越明智。

机会成本通常包括两个部分：使用他人资源的成本，即付给资源拥有者的货币，也被称为显性成本；使用自有资源而放弃其他可能性中得到最大回报的那个代价，也被称为隐性成本。

我一度以为我的机会成本就是我浪费了的青春。我一直自卑——自卑自己不会画油画，自卑自己不会弹琴，自卑自己不会跳舞，因为我的最初选择就是错的，我没有为自己量身定制专业。人们意识形态里的学业、职业、事业，让我统统搞混乱了，非但没有有效组合，而且很肯定地以为学业注定了职业，职业会影响事业。直到有一天我醒了过来，所谓专业无法左右一辈子的知识界限。我没有放弃自己，而是热爱生活与哲学，积极思考生命与创造、理想与渴望、永恒与必然，我把最普通的日子活出艺术感，这是我总结的一种审美的生活方式，为了保护自己的天性，不被重复再重复的日子毁掉。

《了不起的盖茨比》是美国作家菲茨杰拉德的著名作品，也是对我个人影响较大的文学作品之一。

盖茨比的故事本身是一个让人感到悲伤的故事。故事的主人公盖茨比从年轻时就喜欢上了一位叫黛西的姑娘，他的一生都把与黛西共结连理作为自己的目标。为了实现这个目标，盖茨比拼命奋斗，终于成为一个富豪。盖茨比感到自己的目标马上就要实现了，但是他没有意识到，虽然自己的目标从没改变过，但黛西早已和当年不一样了。最后盖茨为了保护黛西而死，但是黛西只是将他当成一个笑话。

在小说的最后有这样一段话：

“盖茨比信奉的那盏绿灯，是年复一年在我们眼前渐渐消失的极乐未来。我们始终追不上它，但没有关系——明天我们会跑得更快，把手伸得更长……等到某个美好的早晨——

“于是我们奋力前进，却如同逆水行舟，注定要不停地退回过去。”

最终，盖茨比也没有实现和黛西在一起的愿望。虽然这是一个悲剧，但是如果盖茨比实现了自己的愿望，和黛西走在了一起，那么这样的结局则是一个更大的悲剧。因为盖茨比在实现愿望之后便会发现一个惊天的秘密——“不是这样的”，自己想象中的黛西不是这样的，自己的愿望也不是这样的。

盖茨比在年少时就想获得永恒、真挚的爱情，而当他选择追逐黛西时，这个梦想就注定是不可能实现的。

如果我们无法认清自己真正想要的，那么我们都有可能成为盖茨比。有的人幸运一点，成为功成名就却怅然若失的盖茨比；但大多数人，一生都在追逐错误的东西。如同以前的我，不知道自己到底要什么。

追逐你真正想要的生活，找到你真正的人生目标。

人们无法过上自己想要的生活，是因为被眼前的生活遮住了双眼，没有时间想“我想要过什么样的生活”这种高于现实的问题，也没有精力静静地和自己独处，寻找内心的答案。

我相信正在阅读此书的人大多是幸运的，我们还有时间阅读，还有精力可以用来思考自己的生活状态。

也许这会花费我们很多的时间，也许这个过程会让我们感到厌烦，会怀疑“这有什么用”？但是，这将成为我们接下来要思考的问题，纠缠我们多年、马上要有答案的问题。

当然，并不是我们知道自己想要过的生活是什么样就可以实现，因为很多人在追梦的过程中会遇到一些问题：

“我的父母不支持我过这样的生活”；

“我的朋友不支持我过这样的生活；”

“我的亲戚不支持我过这样的生活；”

“社会主流意识不支持我过这样的生活”……

很多人到这里就选择了放弃。

通常只有确定了自己与他人生活的界限、明确了自己的独立性并且高度自我认同的人才会大声说出“我要过自己想要的生活”，不过很多人并不一定能走到这一步。

在这里我想问一个问题：你是要追求自己想要的生活，还是要追求别人想要你过的生活？

这里，才是我们探索和抉择真正的起点。

目录

Part1 世界上最大的秘密：你的人生本可以

Part2 寻回本的力量：人、物及关系

Part3 成为你自己的英雄：从信念到现实

Part1

世界上最大的秘密：你的人生本可以

第1章
为什么你的人生不是自己想要的样子

◈ “不是这样的”，因为你从未真正知道自己想要的样子

我爱谁像爱你那样，迷人的幻影！
我把你招到我身旁，藏在我心中——此后
俨然我成了幻影，你有了血肉。
但因为我的眼睛桀骜不驯，
只习于观看身外之物：
于是你始终是它永恒的“异己者”。
唉，这眼睛把我置于我自己之外！

——《致理想》/尼采［德］

理想是理想，你不是你在理想里的样子，不要被目标左右了自身

的存在。存在是何等的珍贵，人生难得今已得。我们讨论的是以存在为前提的情况下，什么样的状态才让自己更满意，而不是每天说着不，不要，真正给你机会说出你的看法，却又哑口无言。只会否定的人生，到生命结束也会苦恼。

——“我的人生不应该是现在这样的！”

——“我的人生真的太糟糕了……你能够帮助我改变吗？”

听到这种声音，一方面我会理解他们的渴望：当他们对现状不满意时，就会想要改变。

另一方面我很诧异他们竟然把改变人生的希望寄托在别人身上：仿佛真的有人可以帮助他们逆转人生。

我曾经向身边的人问过这样一个问题：“你现在的生活是自己想要的吗？”

大部分人在思考片刻之后给出否定的答案。

每个人都想过上自己想要的生活，但是很少有人能够真正过着自己想要的生活。梦里自己的样子那么美好，幼时憧憬的生活却越来越模糊。

这是因为，我们根本不知道自己究竟想要什么，什么样子的我才是真正的我。

★ 寻找到真正属于我们的人生目标

我们或多或少地看过一些励志故事，这些故事的主角大多强调“做自己想做的事情”，但是没有告诉我们怎样才能寻找到自己真正想做并且应该做的事情。这让我们很多时候以为“制定计划，完成计划，好好吃饭，好好睡觉”就是我们想做的事情。

在这里我可以分享一个非常简单，同时又十分有用的方法，通过这个方法我们可以很容易找到内心深处最真实的想法，也可以找到属于自己的人生目标。

这个方法可能需要一个小时，并且这一个小时必须完全属于你，你是不被打扰的。建议你放下手头的所有事情，关掉手机。

在找到一个符合要求的时间后，拿出一支笔和一张纸，在纸上写下一句话：“我这一生是为了什么而活着？”

通常此时我们想到的答案不止一个。没有关系，我们可以一一写下来。答案可以很简单，只有短短几个字，也可以很长，一直写到再也想不出来答案为止。

这个方法可能听上去既简单又有些无聊，但是它确实非常有效。如果我们想要找到正确的人生目标，就必须先将头脑中那些“伪目标”去除，而这些“伪目标”就在我们写下的众多答案之中。

可能有人现在会问：“真正的人生目标在写下的答案中，伪目标也在写下的答案中，应该如何区分？”

对于这个问题，我想告诉大家一句话：“没有人见过真正的龙，但是当真正的龙出现在我们面前时，我们知道它是龙。”

在我们思考“我这一生是为了什么而活着”这个问题时，最先出现的答案通常都是受到主流思想影响的答案，如成为有钱人、有权人等。我们已经知道这些只是欲望，并不是真正的人生目标。当真正的人生目标被我们写下来的时候，我们会感到这个答案来自内心深处。

假如我们没有思考过这类问题，也能够从头脑中的众多答案中寻找到真正的人生目标，但是需要花费的时间就要更多一些。也许当我们写到第二十个答案时就开始厌烦，想要放弃。因为我们并没有感觉到写下来的哪个答案来自内心深处，所以就认为这个方法没有任何作用。这其实是正常现象，此时我们需要做的就是告诉自己坚持下去，因为这关乎我们后半生的幸福。

这是一个方法论，当你写着写着，把自己潜意识里的东西都写出来的时候，也清空了伪目标，这时你想要的答案便会水落石出。

也许在我们写到第三十个答案的时候，突然内心有了一种空灵的感觉，让自己无意识地徜徉在四维空间，忘记了之前的所思所写，甚至不知道自己当下在写什么，但是这个答案也许真正来自我们内心深处。虽然不是最终的答案，但是它已经非常接近了，或者和真正的答案相关联。因为我们的人生目标，可能是由几个答案组合起来的。

每个人都想完成自己的人生逆转，大部分人会开玩笑地把它总结为有钱有闲，有健康有爱，有可以并肩作战的伙伴，也有心照不宣的伴侣，有基本目标也有高级目标。

但是，要逆转自己的人生，改变原本的常态，可不是一件触手可及的事情。

如果世界上有且仅有一张可以帮助我们实现人生逆转的支票，它一定在你自己身上，就是你勇于打破常态的心。踮起脚尖伸手触摸自己可以够到的高度有两个动作：一个是抬头向上看；另一个是踮起脚尖。所以找到目标是第一步。

◈ 我不是复制人

“今天的我复制昨天的我，昨天的我复制前天的我，最可怕的是——明天的我还要复制今天的我！”

——我的闺密这样说

“我真的好羡慕这个女主角啊。”闺密认真地对我说。

我调侃着说：“为什么？她可是个重度失忆者呢。”

闺密想了想说：“可能是因为她不用过我们这样的生活。”

此时此刻，我刚刚和闺密看完一部美国爱情喜剧电影《初恋五十次》，在这部电影中有很多非常老套的情节，老套到看到开头就能猜中结尾。男女主角从相识到相恋如同爱情程序一般进行，和无数的爱情电影模式一样。但是这部电影的剧情有一个特点就是女主角患有短暂失忆症，第二天就会将前一天的所有事情忘记。女主角是幸福的，她每天看到自己的恋人都是初次相见的感觉，对她来说每天都是崭新的，每天她的男朋友都要重新追求她一次，而随着每天夜晚的到来她会失去这一天的记忆。

闺密说：“这部电影的女主角不是很幸福吗？因为对她来说，每天都是崭新的，每天都是新的开始，她不用像大多数人一样每天都过着重复的生活。”

闺密掐着指头给我数：“你看，我们每天上班、下班，周末在家或者逛街，年纪轻一点儿的谈着恋爱，年纪大一点儿的呢，每天要送孩子接孩子。这些年我常常怀念自己上学的时候，不过仔细想想，我上学的时候每天和每天过得也是一模一样呢——简直是复制人的生活！今天的我复制昨天的我，昨天的我复制前天的我，最可怕的是——明天的我还要复制今天的我！”

我说：“但是你换个角度想想，这个女主角是被动每天失忆的，虽然每天都在过新鲜的生活，但是又何尝不是一种失控呢？至少，我们是掌握自己生活主动权的。”

闺密怀疑地说：“真的是这样吗？”

是啊，我猜很多每天像复制人一样不断重复昨天生活的人，一定也想患上电影中女主角所患的那种失忆症，充满好奇同时又充满希望地迎接每天的到来。

想要改变这一切并不需要患上失忆症，我们只需要做出改变。很多时候，我们忘了，主动权其实就在我们自己的手里。

★ 打破“我的复制生活”

史蒂夫·乔布斯在2005年斯坦福大学毕业典礼上说过这样一段话：“你们的生命非常有限，所以，不要浪费在重复他人的生活上；不要被教条束缚，不要被他人喧嚣的声音掩盖你的内心；你要有勇气，听从你的心灵和直觉的指示，你的内心知道你想要成为什么样子。其他事情都是次要的。”

是的，除了时间之外，在这个世界上我实在想不出还有其他东西能够比它更加公平了。你在春天播下种子，就会在秋天收获果实。你在时间里的努力，岁月会给你一个结果，它对于每个人都一样。如果按照人的平均寿命来讲，人这一辈子只不过短短 2 万多天而已，却没有人觉得这是个稀缺资源，而且是自己可以掌控的资源。懒癌后期综合征、各种借口拖延症，都在左右着我们的行为。当你聚焦手机里的各种娱乐新闻小视频，浏览别人的朋友圈的时候，一个小时如白驹过隙。时光如梭，10 分钟、20 分钟，在你一低头一抬头之间，稍纵即逝，之后你发现什么也没有做。眼睛看到的太多无用的信息充斥在我们的大脑中，真正该做的事情却被束之高阁，一天天地搁浅推迟，最终没有结局的结局在一场推杯换盏、莺歌燕舞中，化解了失败的痛楚。放弃很容易，坚持却不是说说而已，是需要时间作为铺垫的，没有投入时间的事情，称不上大事情。无论诺贝尔奖获得者，还是文学巨匠，无不是投入了毕生的精力，才有了独一无二的经历和成就。人生有限，不要浪费时间。

几天前，我在微博上无意间看到一条新闻：

有一个叫赵慕鹤的老人，这位老人出生于 1912 年，今年已经 106 岁了。然而年龄对于这个老人来说只是一个数字，并没有其他特殊的意义。他 74 岁时一人游英国、德国、法国，87 岁时和自己的孙子一起考大学，91 岁时从大学毕业，98 岁获得了硕士学位，如今已经 106 岁的老人又将自己的人生目标变成了“考取博士”。

这条新闻给我留下了非常深的印象，因为这位如今 106 岁的老人向我们展示了一个完全不一样的人生，他已经完全挣脱了世俗观念的束缚。挣脱了年龄束缚，人生才是真正属于自己的人生。

和这位 106 岁的老人相比，很多年轻人却更像是迟暮的老人一般，人生如同复制人一般，过着一眼可以望到头的生活。

我们的生命太珍贵了，我们没有机会把自己搞得特别狼狈、特别压抑，还能翻盘再来。轻者自轻，不负自己，而不是不负岁月，因为岁月都在，而有一天，你却不在。

我们经常说人生酸、甜、苦、辣、咸五味俱全，既会有痛苦，又会有快乐。一旦我们走上了“复制人”的生活，生活就会失去其他的味道，剩下的只有麻木。

在现实中，有很多人虽然年纪轻轻，但是早已习惯了重复自己的生活。他们过着一成不变的日子，吃饭、睡觉、打游戏，上班只是敷衍，甚至谈恋爱也毫无责任感可言。对自己的时间，对自己的生命漠不关心的人谈何责任？对自己极度不负责，在我看来和虚度光阴没有什么区别，他们却不自知，很是享受自在。在未来的几十年中，他们的生活就像是电脑程序一般，没有任何变化，一切都在重复过去，唯一发生变化的就是他们不断衰老的身躯。这让我想起了周星驰说过的一句话，人若是没有梦想和咸鱼有什么区别？周星驰才是真正用爽朗的大笑掩饰内心的凄凉，而后用行动打破常规和枷锁，实现内心自己真实的模样。

“复制人”的生活看起来就像是一条没有任何弯道和障碍物的道路，从起点直接可以看到终点。我们可能无法改变既定的人之初的版本，如我们的生身父母、我们的原生家庭，我们无法左右的性别和相貌，这些绕不过去的路是必经之路，但是毕业后工作、婚恋，甚至在生育之后，你依然被动接受，无法找到方向，活不出自己的样子，是因为你所谓好的样子或许是父母及友人等他人期待的样子罢了。

我认识一位妇人，在家听长辈的话，在单位听领导的话，婚后听老公的话，有了女儿完全听女儿的话。她其实很有天赋，特别喜欢音乐，她在养育女儿长大之后，就在家做饭收拾家务，伺候一家老少。我鼓励她去老年大学学钢琴，她却说家里有人会弹就可以了，她把精力和赌注都押在了自己的女儿身上。她这辈子确实辛苦，没有时间考虑自己，全是付出再付出。后来女儿幸福地结婚了，而后又离婚了。她几乎抑郁了，寝食难安，食之无味。我发短信给她，告诉她，你应该知道你的女儿是为了自己而活的，她虽然离婚了但是她的生活质量很高，她很快乐，因为你培养了一位优秀的音乐老师。而你一直把自己交给女儿，女儿开心你就开心，女儿离婚就像你离婚一样，你把女儿的生活当成了自己的生活，而女儿根本不需要你过度牵挂，但是你就是这样在有了女儿之后丢了自己，以至于女儿没有活出你希望的样子，你便伤心欲绝，像你的人生灰暗了一样。

在我的劝导下，这位大姐走出了这些年来由“女儿”笼罩的阴影：用女儿绑架自己，把女儿凌驾于自己之上，看作自己生命的延续，把自己的命运与女儿重叠在一起。大姐在老年大学开始了声乐与钢琴的学习。目前，女儿很开心妈妈终于做回了自己，妈妈也很理解女儿的决定。因为世界上只有一个你，你放过自己，其实没有人能够禁锢你。

这位妈妈终于走出了围着洗衣机、锅台，看着钟表等女儿下班，看着女儿脸色聊天的生活。她通过突破“女儿”这个词语对自己的禁锢，活出了自己梦里的样子。这才是对一成不变的生活 say no（说不）

的权力体现。每个人都有权对复制生活 say no ，当然你要有足够的勇气和能力。

◈ 我不是受害者

“幸运之神从来没有眷顾过我。”

——受害者最喜欢说的话之一

在美国密歇根州最大的城市底特律，有这样一对兄弟：从小家庭贫困，并且生活在单亲家庭。

这对兄弟从小生长在贫民窟中，妈妈每天沉溺于毒品中，根本没有时间管教他们，唯一对他们的管教就是告诉他们天黑之后不要出门，因为在这里天黑之后就是帮派分子的天下。

但是弟弟经常在晚上出门，因为他选择加入帮派，开始街头生活。虽然哥哥一再劝诫弟弟，但是弟弟依然我行我素，不为所动。最后哥哥只得放弃弟弟，并且他发誓要走出这里——他不想让自己未来的孩子出生在这样的环境中。

于是哥哥发奋读书，上了大学，进入了华尔街，成了非常有名的股票经纪人。而弟弟已经在监狱服刑多年。

当哥哥在华尔街成名之后，很快就有人对他的成长经历产生兴趣。一个出生于底特律贫民窟的孩子居然成了华尔街有名的股票经纪人，这样的励志故事是大多数人喜欢的。当记者深挖这个人的成长故事之后，惊奇地发现他居然有一个混迹街头的弟弟，甚至现在还在监狱。于是就有记者分别去采访这两个人生轨迹截然相反的兄弟，想要从中找到造成这种差别的原因。

面对记者的镜头，哥哥坦然地说："我小时候生长在一个非常糟糕的环境中，并且还有一个混迹街头的弟弟。虽然我试图改变他的人生，但是失败了，这也是我最痛心的事情。虽然我改变不了弟弟的人生，但是我可以改变自己的人生。环境无法阻挡我对未来美好生活的向往，于是我努力读书，考上了大学，拼命工作，真的改变了自己的人生。"

而在监狱中面对记者的镜头，弟弟用一种无所谓的态度说："我从小生长在一个你们无法想象的恶劣环境中。大多数人有妈妈的关心，而我的妈妈只关心她的毒品。我就处在这样的环境中，你还指望我能怎样？是的，我知道你们会想我有一个现在混得很不错的哥哥，那是因为上帝给了他一个聪明的脑子，而没有给我。因此他适合上学，我只适合参加帮派；他适合成为股票经纪人，我只适合蹲在监狱。这一切不是我能选择的，幸运之神从来没有眷顾过我，他只眷顾我的哥哥，所以我才有今天的下场。"

这是一个真实的故事。兄弟二人出生在同一个环境中，却对环境有着完全不一样的态度。在哥哥看来既然自己出生在这样的环境中，就必须凭借努力改变自己的人生，最后他做到了。而弟弟却在不断抱怨，抱怨自己没有一个好妈妈，抱怨周围有太多糟糕的事情，抱怨上帝没有给自己一个适合学习的脑子，抱怨幸运之神从没有眷顾过他。在他看来自己今天的一切都是因为其他原因造成的，并不是自己一手造成的。这就是典型的“受害者”心态。

“幸运之神从来没有眷顾过我。”这是“受害者”常说的话之一。此外，要鉴别的受害者的话还有：

“都是别人的错”。(所以才导致了“我”的现在！)

“我是无辜的。”(任何时候都是！)

“我可是受害者！”(虽然直白到显得有些蠢，但这真的是频率最高的一句话！)

“为什么我的运气如此坏？别人的运气都那么好？”(受害者喜欢把别人的好归结于运气，把自己的好归结于努力，同时把别人的坏归结于“活该”，把自己的坏归结于“运气不好”。)

此外还有“我能怎么办？”

一年前有一位姑娘在网上找到了我，这位姑娘讲了很长的一段话，用来告诉我她不愉快的人生经历，最后提出了她的问题：“为什么这些不愉快的经历过去了那么久，我却无法克制自己去憎恨那些曾经伤害过我的人？为什么我都远离了过去的那种生活，我依然还是没办法过上很好的生活？”

这个姑娘的人生经历确实非常曲折，她经历了很多磨难，有许多人在她绝望的时候对她落井下石。如今那些伤害过她的人已经远离了她，而她憎恨的根源并不是曾经受到的伤害，而是在伤害过去之后，她的生活还是非常糟糕。

每个人或多或少都受过伤害，无论这个伤害来源是谁，如果我们总是对过去的伤害耿耿于怀，对伤害过我们的人充满了憎恨，用憎恨和怨气把自己包围，那么所有的恨只源于我们自己的无能为力，把自己放在一个受害者的立场。其实，专注于事件本身，而非情感、情绪和道德绑架，你会创造出真正让你重视的生活，这是走出伤害，不再被自己辜负的唯一可靠路径。

当我们现在生活得足够好时，虽然也会时常回忆过去那些伤害过我们的人，但是我们有可能只会感到厌恶，而不是憎恨。因为当下的生活是无辜的，明天更是空白的，等待你享用今天、祈祷明天的选择对话框里，可以是幸福的，也可以是悲哀的，你不会用憎恨来影响选择幸福，因为你是趋利避害的。

当我们感觉受伤之后，不要让自己沉溺在受害者心态中，不要让憎恨充斥在我们的生活里。我们需要告诉自己，无论过去遭遇过什么事情，现在我要做的就是认真生活，告诉自己放下，放下之后思考该拿起什么。人人都喊着放下的年代，你该思索的是放下一切，而一切又不能都放下，毕竟那是你经历的路。

人生如一趟目的地明确、路径不明朗的行驶中的列车，你或许选择一直在车上，或许选择换乘车辆，但是同行的熟悉又陌生的人，你不确定他们什么时候下车、什么时候上车。你连自己什么时候下车都不确定，杞人忧天地担心同行人的行踪是不是有点可笑？他们的决定对你的伤害，是你自己强加于自己身上的，没有人会为你的遭遇埋单。

有一种爱情叫我爱你不是因为你多好，而是因为我看到了你眼中我的样子，我好喜欢。

有一种友谊叫我和你在一起才可以听自己的心跳，一呼一吸之间都有被理解的味道。

有一种亲情叫我做的事他们都懂，不用解释不用汇报，默默支持，成则欢喜举杯豪饮，败则回家一起吃饭。

我在你们眼里看得到自己本该有的样子，所以幸运只不过是成功者的谦辞。只有不言弃、不活在受害者阴影里、选择勇往直前、百折不回的人，才能遇到本我，遇见本可以的人生。

你的，他的，你们的，他们的，过去的，将来的，都是无关联的吗？还是本应该的存在？而我自己，在哪里，我的当下在哪里？伤害、恐惧、光明、积极这些都是困扰自己的矛盾，而矛盾是个中性词，我个人感觉有矛盾才是正常人，如果思维里、生活中没有矛盾，全是对的或全是错的，全是白天抑或全是黑夜，就无从谈起花开的美好和日出的希望。

“诚者，物之终始；不诚，无物。是故君子诚之为贵。诚者，非自成己而已也，所以成物也。”每个人的生命都不是单独发生的，而是为了你生命的整体因缘而来。成就自己，就是要从内心把对立、冲突、嫉妒、怨恨统统去掉。要内求，莫他求。

我们要认真体悟这个被很多人忽视的客观事实——时间，没有现在，永远只有过去和未来。所以，如果能够放下过去，不幻想未来，就是真实地活在当下——天堂只在当下，不在死后！所以，我们要礼赞一切，恭敬一切，不着迷、不崇拜、不羡慕，瓦解对过去的执着，放弃幻想。因为，当下即是天堂。

有人面对人生的起起落落总能泰然处之，用一颗平和的心面对困境，因为他们知道人生本就如此，成事在天，谋事在人。“谋”是“人”的事情，是做事的过程，“成”是“天”的事情，是幸运指数。眼睛盯着“谋”的人，他的成功会一个接着一个。眼睛盯着“天”的人，会遇到失败。因为他把注意力，用错了地方，违背了客观规律。

在事情发生之前极力而为，在事情发生之后抱怨、愤怒无法解决问题，因此迁怒亲人，影响正常生活，怀疑人生更要不得。总是将自己置于负面情绪之中的人认为自己是生活的“受害者”，自己不停地在被他人连累、迫害、牵绊、束缚，从而让自己的阳光躲避到乌云之后，失去了晴朗的天空，每天的日子只剩下一片阴霾。

为什么“受害者”总是将自己遭遇的一切不幸归咎于他人？这是因为他们不愿意承担自己应该承担的责任，从来不思考自己是否可以改变这一切。实际上他们遭遇的很多不幸都是可想而知的，团队里最害怕有这种人存在。

如“受害者”上班迟到，他们会将责任归咎于交通拥堵，却没有想过自己只要早一些出门就可以避免迟到；当“受害者”得了某种疾病，他们会将责任归咎于运气太差、上天不公，却没有想过自己多加锻炼或者多注意饮食可以降低得病概率。

一位朋友对我说过她的经历：有一段时间这位朋友非常浮躁，当她看到身边有比自己优秀的人时，除了羡慕之外，更多的是感叹命运不公。因为在她看来那些比自己优秀的人只是因为运气比自己好而已，这也是唯一自己不如他们的原因。

不过当她认识了一位比自己优秀很多的人之后，终于改变了自己的看法。因为通过近距离接触，她发现在对方的优秀光环下是少有人知的付出和努力，这些都是她不具备的。她意识到了自己的想法是错误的，意识到了过去的想法只是为了给自己的不负责任寻找借口。为自己的不负责任寻找借口，只会让你更像一个失败者。只有勇于承担责任，保持一颗谦卑的心，才能不断成长。

“受害者”还总是认为所有和自己相关的行为都是针对自己的，这也是“受害者”心态的核心所在。

正因如此，在“受害者”眼中这个世界充满了恶意，到处是敌对的眼神和伤害自己的陷阱。因此“受害者”很可能做出一些他们自己看起来是正当防卫的举动，但事实上并非如此。这也是很多“受害者”在面对外界环境时总是有戒备心理，并且时刻处于防卫状态的原因。

在没有对“受害者”心态有所了解之前，很多人并没有意识到自己成了一个“受害者”，并且这种心态严重影响了自己的生活。因为具有“受害者”心态的人对周围的一切总是充满了敌意，充满了负能量。

我们需要明白一件事情：自己的人生是由自己创造的。我们必须对自己的人生负责，而不是总在推卸责任。

推卸责任能够减轻我们的心理压力，但是别人不会为我们的人生负责。所以，责怪本身没有任何意义。这种行为也不能让我们的人生变得更好，不能帮助我们解决任何问题。

从现在起不要再抱怨上天的不公，不要再对周围的人愤怒，微笑地面对人生中发生的一切。不要抱怨命运给了自己太多磨难，不要抱怨人生总是充满了曲折，因为这一切都是人生必须经历的过程。

当你不再把自己定位为受害者时，人生的主动权也就回到了你手上。

拿回主动权的感觉不错吧？

◈ 我不被设限也不被指定，突破恶性循环的锁链

“最可怕的是，我的生活其实和我无关。”

——病房里的朋友哭着说

我有一个朋友 C，今年 27 岁，已经结婚。她的丈夫是一个非常顾家的男人，事业上也算是略有小成，看上去她的生活是幸福和美满的，堪称完美人生。

然而在一年前，突然有一天有人打电话告诉我她吃药自杀了，不过所幸发现及时，送到医院抢救了过来。我当时听到这个消息无比震惊，因为我实在想不出有什么事情会让她选择自杀。

在得知这个消息后，我去医院看望她，当时病房里还有她的父母和丈夫。当我走进病房和她的目光接触的时候，我看到了她满眼的绝望。之后她把自己的亲人全部支走，对我放声大哭。在我的劝说下，她终于告诉我她自杀的原因：

“我活了 20 多年，但是从来没有过上自己想要的生活。总是别人告诉我应该做什么，我就去做什么。即使有时这会让我感到痛苦，但是我也一直默默地忍受。我总是想着以后就好了，但是后来才发现：忍受久了，我已经没有了自己，失去了自己的喜怒哀乐。如今我看自己的生活，就像是站在局外看其他人的生活一样！最可怕的是：我的生活其实和我无关。”

就在那一天的黄昏，我那个拥有完美生活的朋友这样对我总结她范本一般的人生：

“上学时父母告诉我现在应该好好学习，听话的孩子都是这样，于是我选择努力学习；

“工作后父母告诉我要找一份稳定的工作，生活稳定的人都有一份稳定的工作，于是我找了一份稳定的工作；

“工作一年后父母告诉我应该找个男朋友了，同龄的姑娘都快结婚了，于是我找了男朋友；

“和男朋友只相处了3个月父母就催促我结婚，因为周围的好多同龄姑娘都已经有孩子了，于是我们选择了结婚……

“但实际上我的婚姻和爱情无关，我只是听从父母的话，只是不愿意让自己显得非常特殊。最近几年每天晚上我都会失眠，我感觉自己现在的生活毫无意义，没有理想、没有爱情、没有自我、没有未来。因为我只像是一部被设定好程序的机器一样，按照程序员的设计一步步地运行。当我想到未来自己的人生道路都会是这样的时候，我实在是无法忍受了。我的人生不是范本，而是模板，我是一个设定好了的模板。”

我非常理解这个朋友的痛苦。因为我也曾经差点像她一样，过着别人为我指定好的、安排好的人生，让自己的生活和自己无关。

几天后C出院了，选择了离婚，离婚后的她火速办了出国手续，去她一直想要去的国家打工、游学去了。

对于她的这个决定，周围的人都感到不理解，联想到她之前的自杀行为，都认为她是患上了抑郁症，才有了这一系列让人无法理解的行为。

然而，我却明白：她确实患上了抑郁症，但那些他人无法理解的